Plastikfrei für Anfänger

Tipps und Tricks für den einfachen Einstig ins plastikfreie Leben

Angela Müller

Plastikfrei für Anfänger – Tipps und Tricks für den einfachen Einstig ins plastikfreie Leben

Für Fragen und Anregungen:
m.books@gmx.at
Auflage 2019

INHALT

Vorwort 1

Was ist Plastik? 3

Die wichtigsten Kunststoffe im Überblick 6

Was ist Mikroplastik? 7

Die Vorteile von Plastik 10

Wirtschaftsfaktor Plastik 15

Projekt "Plastik in der Umwelt" 19

Leben ohne Plastik? 21

5-R-Regel (Refuse, Reduce, Re-Use, Recycle und Rot)35

Refuse - ablehnen 36

Reduce – reduzieren 37

Re-Use – wiederverwenden und reparieren 39

Recycle 41

Rot – kompostieren 41

Recycling in Deutschland 42

Label und Siegel 48

GOTS 48

Pro Planet - Label 50

flustix 51

Was kann ich selbst tun? 55

Plastik nach und nach ersetzen 55

Plastikverpackungen vermeiden 56

Plastik auf der Haut vermeiden 58

Dinge selbst herstellen 59

Grundausstattung für unterwegs 60

Weiterführende Hinweise, Websites und Apps 61
Fazit 63

Vorwort

Wer jetzt einen Ratgeber erwartet, wie er Plastik möglichst gänzlich aus seinem Leben verbannen kann, der ist hier leider falsch. Ich werde sicher ein paar Alternativen aufzeigen, bin aber grundsätzlich der Überzeugung, dass ein Leben ohne Plastik weder für uns als Mensch, noch für Industrie und Wirtschaft möglich ist (es sei denn man lebt autark in einer Hütte im Wald).

Meine Intention ist also eher: Wie gehen wir sorgsamer mit Produkten aus Plastik um? Wie können wir dafür sorgen, dass so wenig Plastikmüll wie möglich entsteht? Und warum ist Plastik durchaus auch sinnvoll?

Wenn euch meine Sichtweise interessiert, dann erfahrt ihr auf den nächsten Seiten, was Plastik überhaupt ist, warum es Plastikgegner gibt und was ihr selbst vielleicht noch ändern könntet, ohne euer Leben komplett auf den Kopf stellen zu müssen.

Was ist Plastik?

Plastik ist derzeit in aller Munde und muss ziemlich viel Kritik einstecken, weil es in Mägen von Fischen landet und die Meere vermüllt. Davon abgesehen ist Plastik allerdings ein faszinierendes Material. Nichts anderes ist so wandelbar und flexibel einsatzfähig. In der Herstellung wird oft weniger Wasser und Energie verbraucht als für die nachhaltigen Alternativen.

In unserer Welt umgeben wir uns mit Plastik. Jährlich werden 300 Millionen Tonnen davon hergestellt. Wir finden Plastik in unseren elektrischen Geräten, um unsere Lebensmittel, im Spielzeug unserer Kinder, im Auto, in Brillen, im Bad (Klobrillen, Zahnputzbecher, Zahnbürste, ...), bei Kabeln jeglicher Art, bei Fenstern und Lichtschaltern, bei Lampen und in der Küche. Eigentlich heißt Plastik Kunststoff. Der Name kommt von der künstlichen Herstellung. Kunststoff kommt in der Natur nicht vor.

Kunststoffe werden in der Fachsprache als organische Polymere bezeichnet. Sie bestehen aus Molekülketten, die sowohl linear als auch verzweigt und vernetzt sein können. Sie bestehen wiederum aus sich stets wiederholenden Grundeinheiten (Monomeren). Durch unterschiedliche Herstellungsverfahren und Beimischung von Zusatzstoffen kann Kunststoff überall eingesetzt werden. So lassen sich Stoffe verschiedener Härte, Temperaturbeständigkeit, Elastizität und so weiter herstellen. Typische Produkte sind Dichtungen, Rohre, Wärmeisolierungen, Kosmetika, Textilfasern, Lacke, Bodenbeläge, Gehäuse und vieles mehr.

Der zentrale Rohstoff für Plastik ist Erdöl, was als solches zwar aus organischem Material besteht, dennoch eine künstlich hergestellte Substanz ist - anders als Glas oder Stahl. Einfache Kunststoffe bestehen nur aus drei Elementen: Sauerstoff, Wasserstoff und Kohlenstoff. Das Erdöl wird durch Destillation verschiedene Bestandteile (gasförmige und flüssige) und Rückstände getrennt. Dabei entsteht Naphtha (Rohbenzin). Das wird dann mit Hilfe des Cracking-Verfahrens in verschiedene Kohlenwasserstoff-Verbindungen, Butylen, Propylen und Ethylen aufgespalten. Zum Schluss entstehen durch Druck, Hitze oder Chemie aus den kleinen Bausteinen (den Monomeren) netz- und kettenförmige Moleküle (Polymere).

Weltweit ist China der größte Hersteller von Plastik, gefolgt von Europa und NAFTA (Mexiko, Kanada und USA).

In Prozent, Stand: 2015; Abweichungen rundungsbedingt / Grafik: F.A.Z. / Quelle: PlasticEurope

Der Nutzen und Schaden liegt in der Haltbarkeit der Kunststoffe. Sie sind lange haltbar und zerfallen nicht wie Holz oder andere natürliche Stoffe. Eine Getränkeflasche aus Plastik löst sich erst nach 450 Jahren auf.

DIE WICHTIGSTEN KUNSTSTOFFE IM ÜBERBLICK

Polyethylen (PE)

PE finden wir in Getränkekästen oder Eimern. Es ist unheimlich widerstandsfähig und kann, je nach Produktion auch filmbildende Eigenschaften enthalten, die man z.B. bei Verpackungsfolien benötigt.

Polypropylen (PP)

Die Innenausstattungen von PKWs sind oft aus diesem harten und belastbaren Kunststoff. Er wird am zweithäufigsten verwendet und ebenso bei Verpackungen eingesetzt.

Polyvinylchlorid (PVC)

Das drittwichtigste Polymer gibt es in Hart- und Weich-PVC. Hart-PVC finden wir in der Herstellung von Rohren, Schallplatten und Fensterprofilen, während Weich-PVC bei Kabelummantelungen und Bodenbelägen verwendet wird, weil es Weichmacher enthält und damit flexibler verbaut werden kann.

Polystyrol (PS)

Sagte mir erstmal gar nichts. Kein Wunder, wir kennen es eher als Styropor, den wir in Verpackungen finden. In expandierter Form wird es auch als Schaumstoff genutzt.

Polyurethan (PUR)

PUR ist sehr elastisch und die Eigenschaften können durch Zugabe weiterer Chemikalien beliebig geändert werden. Wir finden Polyurethan in Klebstoffen und Lacken, aber auch in Schuhsohlen und Matratzen.

Polyethylenterephthalat (PET)

PET kennen wir alle aus den Kunststoffflaschen, Folien, aber auch Textilfasern.

WAS IST MIKROPLASTIK?

Auch der Begriff Mikroplastik ist aktuell weit verbreitet. Besonders im Rahmen gesundheitsschädlicher Wirkung, hört man immer mehr davon.

Mikroplastik ist am häufigsten aus PP und PET und kleiner als 5 mm. Mit bloßem Auge also nicht erkennbar. Das ganze wird dann noch in primäre und sekundäre Mikroplastik unterteilt.

Primäre Mikroplastik finden wir in der Kosmetik und bei Hygieneprodukten (Zahnpasta, Peelings, ...) und wird als Vektor für Wirkstoffe von Arzneien und Fasern verwendet. Beim Waschen von Kunstfasern wie Fleece gehen die Ministückchen ins Abwasser und können im Klärwerk auch nicht komplett herausgefiltert werden. So gelangen sie in die Umwelt und den Wasserkreislauf und damit natürlich auch in den Magen der Tiere. Eine Aufnahme von Mikroplastik aus Kunstfasern über die Haut ist angeblich nicht möglich.

Der Abrieb von Autoreifen ist übrigens aktuell der größte Verursacher von Mikroplastik.

Durch den Zerfall von größeren Kunststoffteilen entsteht sekundäre Mikroplastik. Das Plastik zerfällt durch Sonne, Wind und Wellen in seine Ursprungsform zurück.

Ende 2018 hat Professor Dr. Curt Diehm einen Artikel veröffentlicht. Er ist Facharzt für Innere Medizin, Kardiologie, Angiologie, Phlebologie und Gefäßmedizin. Dr. Diehm geht auf die Frage ein, ob Kunststoff neben den Folgen für die Umwelt auch für die menschliche Gesundheit gefährlich ist. In einer Studie, die in Zusammenarbeit mehrerer Länder entstand, hat sich herausgestellt, dass sich Mikroplastik auch im menschlichen Darm wiederfindet. Ich persönlich bin mir allerdings nicht sicher, ob ich einer Studie mit 8 Probanden zwischen 33 und 65 Jahren sehr viel Aufmerksamkeit schenke. Fakt ist, dass im Durchschnitt 20 Mikroplastikteilchen pro 10 g Stuhl gefunden wurden. Die Ergebnisse wurden im letzten Jahr in Wien vorgestellt. Einen Zusammenhang zwischen Ernährung und der Belastung durch Mikroplastik konnte allerdings nicht festgestellt werden, dafür war die Gruppe zu klein.

Professor Diehm sagt, dass Menschen mit einem gesunden Magen-Darm-Trakt derzeit keinerlei Probleme durch Mikroplastik aufweisen. Das Bundesinstitut für Risikobewertungen (BfR) erklärt, das eine krankmachende Wirkung derzeit nicht möglich ist. Klar ist aber auch, dass bereits Erkrankte durch Mikroplastik Probleme bekommen könnten, so sind z. B. Entzündungen möglich.

Das BfR hat wohl bereits Studien in Auftrag gegeben, die mögliche Auswirkungen von Mikroplastik auf unsere Gesundheit aufdecken sollen.

Eine Übersicht über Mikroplastik in Kosmetika wird vom BUND angeboten (https://www.bund.net/fileadmin/user_upload_bund/publikationen/meere/meere_mikroplastik_einkaufsfuehrer.pdf). Entscheidet selbst, was ihr nehmt oder austauscht.

Die Vorteile von Plastik

Ich bin dagegen Plastik oder Kunststoff komplett zu verteufeln, denn ohne Plastik wäre ganz viel weit weniger nachhaltig. Wir sollten also eher lernen, wie wir das Material besser nutzen als es komplett vermeiden zu wollen.

Plastik ist unheimlich lange haltbar, sehr flexibel und konnte in größeren Produktionen noch nicht von einer sinnvollen Alternative abgelöst werden.

Vorteil 1: Plastik ist leicht

Kunststoff wiegt sehr wenig, deshalb können wir verpackte Ware leichter transportieren. Auch die Transportwagen sind mit Plastik ausgestattet, was diese wiederum leichter macht und so wertvolle Energie spart.

Ohne Kunststoff könnten wir auch nicht in den Urlaub fliegen. Jetzt ist Fliegen natürlich alles andere als umweltschonend, sorgt aber dafür, dass wir in kurzer Zeit von einer Seite zur anderen Seite der Welt kommen. Wäre das Flugzeug schwerer oder würden wir ein anderes Fortbewegungsmittel wählen, verbräuchten wir deutlich mehr CO2. Der Airbus A350 besteht zu mehr als 50 % aus Kunststoff.

Auch unserer Autos werden durch Kunststoffteile sparsamer und leiser, 15 % eines handelsüblichen PKWs bestehen heute aus Kunststoff. Das sorgt natürlich auch dafür, dass wir uns die Autos auch leisten können, da Kunststoff wenig kostet.

Auch Windräder sind zum großen Teil aus Plastik, so dass wir die Energie des Windes einfangen können. Das ermöglicht es uns Strom mit erneuerbaren Energien zu erzeugen. Das kann nur funktionieren, weil die Räder der Anlagen leicht genug sind, damit sie vom Wind gedreht werden können.

Vorteil 2: Plastik ist hitze- und frostbeständig

Es gibt verschiedene Plastikarten. Thermoplaste werden bei Hitze wieder weich, während Duro- und Elastoplaste hitzebeständig sind. Das wird zum Beispiel in der Solarbranche genutzt. Ohne Plastik könnten wir keine Solarplanen oder -anlagen bauen um die Sonnenenergie in Strom umwandeln zu können. So würde uns eine der effizientesten und nachhaltigsten Energiequellen unserer Erde verwehrt bleiben.

Auch Plaste das frostbeständig ist hilft uns weiter. So können wir zum Beispiel Lebensmittel einfrieren. Auch die Spielplätze unserer Kinder müssen sowohl Sonne, als auch Frost aushalten, ohne dass unsere Kids beim nächsten Rutschen ein Problem bekommen.

Vorteil 3: Plastik ist flexibel

Plastik kann verschiedene Farben annehmen. Es kann hart wie eine Salatschüssel sein, aber auch biegsam wie eine Einweggabel. Außerdem ist es leicht. Durch die Flexibilität können wir fast alles daraus herstellen.

Unsere technischen Geräte erleichtern uns den Alltag. Handys und Computer lassen uns an der Digitalisierung teilhaben und so Papier einsparen.

Auch Geruchlosigkeit und Bruchfestigkeit sind Vorteile, die wir aktuell nutzen.

Vorteil 4: Plastik ist günstig

Die Beschaffung von Plastik ist so günstig, dass es für viele Hersteller noch immer die einfachste und günstigste Lösung ist. Wie oben beschrieben ermöglicht die Flexibilität auch die verschiedensten Produkte daraus herzustellen. Bananen die in Plastik eingewickelt transportiert werden sind länger haltbar. Für uns Europäer gar nicht so schlecht, sonst müssten wir auf viele Früchte verzichten, die lange Transportwege nicht überstehen würden. Davon abgesehen verhindert die Plastikverpackung natürlich auch das Eindringen von Keimen und anderen Einflüssen, so dass sie von uns dann unbedenklich gegessen werden können. Regionale Produkte brauchen diese Verpackung natürlich so nicht. Hier sollte man vor dem Versand mal drüber nachdenken wie viel Plastik nötig ist.

35 % des in unserem Land verbrauchten Kunststoffes werden für Verpackungen verwendet.

Ganz nebenbei nutzen wir auch beim Hausbau die Vorteile von Kunststoff. Neben Dämmstoffen sind auch Abwasser- und Drainagesysteme kunststoffbasiert. Etwa 385.000 Tonnen - von dem Kunststoff den wir komplett verbrauchen etwa ein Fünftel - wird jährlich verbaut. Das führt auch dazu, dass wir uns den Hausbau überhaupt leisten können.

Vorteil 5: Plastik ist wärmedämmend

Wären unserer Wohnung nicht gedämmt, würden wir viel mehr Energie verbrauchen müssen um sie warm zu bekommen. Damit würden wir auch mehr natürliche Ressourcen benötigen, die dann wiederum an anderer Stelle fehlen würden. Die Dämmung unserer Häuser und Wohnungen hat einen hohen Plastikanteil, reduziert aber den Verbrauch um bis zu 70 Prozent.

Auch viele unserer Fenster sind aus Kunststoff. Hier werden neben verschiedenen Farben auch unterschiedliche Größen angeboten. Auch die Fenster sind für den Wärmehaushalt in unserem Heim verantwortlich.

Vorteil 6: Plastik ist rein

Gerade im medizinischen Bereich wird besonders häufig zu Kunststoff gegriffen. Wenn ihr euch in einem Krankenhaus oder einer Arztpraxis umschaut, seht ihr Einwegspritzen, Infusionsflaschen, Blutbeutel und sterile Verpackungen. Dadurch schützt uns das Plastik vor Ausbreitungen von Krankheiten und bietet einen enormen Vorteil für unserer Gesundheit.

Wie ihr seht, gibt es also auch einen durchaus sinnvollen Einsatz von Plastik. Wir müssen nur lernen die Vorteile da zu nutzen, wo es auch sinnvoll ist. Plastik komplett zu verteufeln oder in den Himmel zu loben lehne ich ab. Wie viele andere Dinge hat eben auch Plastik Vor- und Nachteile.

Wirtschaftsfaktor Plastik

Wie wir wissen, gibt es unheimlich viele Plastik- bzw. Kunststoffe um uns herum. Daher ist es nicht verwunderlich, dass sich rund um die Kunststoffe ein gewaltiger Wirtschaftszweig entwickelt hat. In Europa werden in 60.000 Unternehmen - von der Herstellung der Rohmaterialien bis hin zum Recycling und Anbietern von Verarbeitungsmaschinen - mehr als 1,5 Millionen Menschen beschäftigt (Aussage von PlasticsEurope). Die Branche hat 2016 einen Gesamtumsatz von 350 Milliarden Euro erwirtschaftet.

Deutschland allein setzte 2017 63,7 Milliarden in der Plastikbranche um (laut GKV).

Ende 2018 berichtete der britische "Guardian", dass der Plastikausstoß der Weltwirtschaft in den kommenden Jahren weiter steigen wird. Firmen wie Exxon Mobile Chemical oder Shell Chemical haben angeblich seit 2010 mehr als 180 Milliarden Dollar in neue Fabriken investiert, die zukünftig Transportbehälter, Verpackungen und Flaschen herstellen sollen. Das Geld kommt vor allem von Ölkonzernen.

Und tatsächlich i … der Kunststoffindustrie n … eine langsame Trendwend…

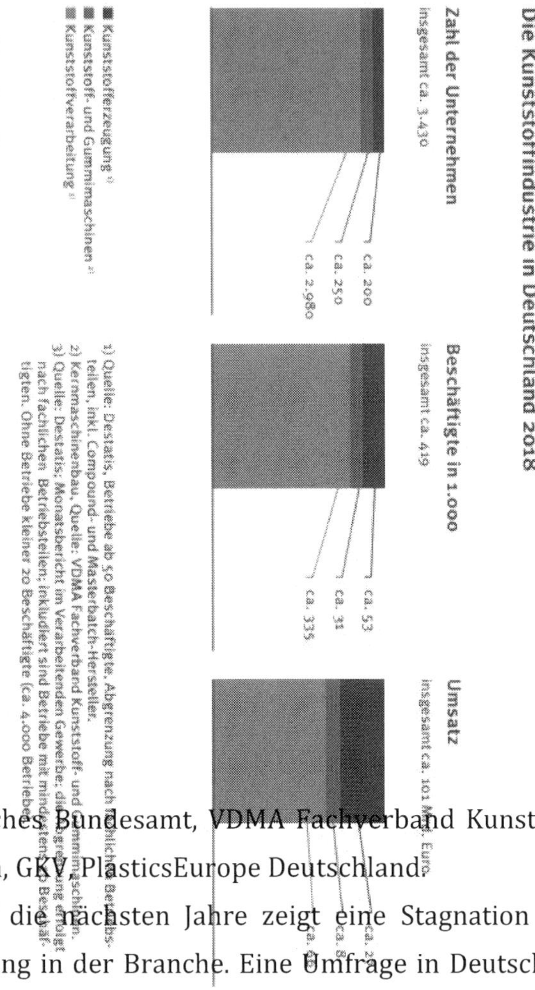

Quellen: Statistisches Bundesamt, VDMA Fachverband Kunststoff- und Gummimaschinen, GKV, PlasticsEurope Deutschland.

Der Ausblick auf die nächsten Jahre zeigt eine Stagnation bzw. einen leichten Rückgang in der Branche. Eine Umfrage in Deutschland bei 545 Unternehmen der Kunststoffindustrie ergibt, dass die Branche mit zurückhaltenden Erwartungen ins erste Halbjahr 2019 gegangen ist. Die Angaben entstehen aus Hochrechnungen von 2018. Im zweiten Halbjahr 2018 liefen die Geschäfte nur bei 27% der Firmen besser als vorher.

Bei 35% der Befragten lief es hingegen schlechter als vorher. (Quelle: https://www.kiweb.de/_g/pdf/kiweb/pm/PM_Kunststoff-Konjunktur_0119.pdf).

Neben dem Fachkräftemangel liegt diese Entwicklung sicher auch daran, dass dieser Industriezweig aktuell oft negativ in der Presse erwähnt wird.

Dr. Rüdiger Baunemann, Hauptgeschäftsführer bei PlasticsEurope Deutschland e.V. sieht die Entwicklung weltweit allerdings auch ein Stück im positiven Licht. Er glaubt, dass die Märkte in Südamerika, Afrika und Asien wachsen werden und Kunststoffe in neuen Einsatzfeldern zur Wirkung kommen. Besorgt ist er allerdings über die abnehmende Akzeptanz von Kunststoff (sowohl in der Gesellschaft als auch in der Politik). Dazu sagt er: "Fragen zu Nachhaltigkeit und Ressourceneffizienz einzelner Produkte beschäftigen die Menschen immer mehr, dabei sollte allerdings nicht der Blick auf den ganzheitlichen ökologischen Fußabdruck eines Materials verloren gehen. Kunststoff hat gerade hier viel zu bieten, sei es als Leichtbaumaterial für die Automobilindustrie, als schützende Hülle für Lebensmittel, Elektro- und andere Konsumgüter oder als Innovationstreiber in der Umwelttechnologie."

PROJEKT "PLASTIK IN DER UMWELT"

Der Staatssekretär bei der Bundesministerin für Bildung und Forschung, Dr. Michael Meister, erklärte im April 2019 der "Welt" was das Projekt "Plastik in der Umwelt" beinhaltet. So arbeiten über 100 Institutionen in diesem Projekt, mit dem Ziel, einen Weg zu finden, der uns aus dem Plastik Dilemma führt.

Aktuell gibt es weltweit kein größeres Forschungsnetzwerk, das die Wirkung von Kunststoffen auf die Natur unter die Lupe nimmt. Das Projekt läuft noch bis 2022.

Grundsätzlich geht es erst einmal darum den Lebenszyklus von Plastik zu verfolgen. Hier wird die komplette Kette untersucht - vom Hersteller, zum Handel, dem Kunden bis zur Entsorgung. Wenn man die komplette Kette versteht, kann man an verschiedenen Punkten ansetzen und Verbesserungen anregen. Insgesamt werden 20 Verbundprojekte aus 5 Bereichen gefördert (Themen: Recycling und die Auswirkung von Plastik auf unsere Gewässer).

Das Ziel ist ein geschlossener Kreislauf des Kunststoffs. Im Moment wird nur ein Teil der Kunststoffe wiederverwertet - Downcycling, Wiederverwertung mit geringerer Qualität. Ziel ist es jedoch, bereits genutzte Plastik mit gleicher Qualität wiederzuverwenden. Das liegt aber noch weit in der Zukunft. Wenn es gelingen würde, zu bestimmten Teilen eine Kreislaufwirtschaft zu realisieren, wären wir der Problemlösung schon ein Stück näher. Auch weit oben im Projekt steht die Depolymerisation. Hier geht es um ein Verfahren, das den benutzten Kunststoff wieder in seine ursprünglichen Bestandteile zurückführt.

Teilergebnisse liegen bereits im Bereich Recycling vor. Die RITTEC Umwelttechnik GmbH koordiniert das Verbundprojekt solvoPET, dem es gelungen ist ein Solvolyseverfahren weiterzuentwickeln. Hier wird PET mit chemischen Lösungsmitteln wieder in die molekularen

Grundbausteine zerlegt. Danach kann mit diesen Bausteinen wieder weiter gearbeitet werden. Es ist ein Schritt in die richtige Richtung und funktioniert aktuell bei PET und Mischabfällen. 2018 hat das Verfahren den Innovationspreis vom Land Niedersachsen verliehen bekommen. Aktuell ist es noch in der experimentellen Erprobungsphase.

Weitere Ansatzpunkte in den Forschungsprojekten sind die Fragen, welche Stoffe besonders umweltschädlich sind und welche Möglichkeit es bei der Herstellung von Kunststoff gibt, damit er später besser abgebaut wird. Außerdem wird auch das Verbraucherverhalten unter die Lupe genommen. In Deutschland wird Plastik schon zu großen Teilen gesammelt und verwertet.

Leben ohne Plastik?

Vor Jahren habe ich eine Dokumentation über eine Familie aus Hamburg gesehen, die vier Wochen ohne Plastik leben wollte. In dem Film geht es in erster Linie um Mikroplastik. Ich weiß gar nicht genau was uns der Film sagen sollte. Bei mir kam nur an, dass ein Leben ohne Plastik schlicht nicht möglich ist.

Aber von vorn: Es geht um eine Familie aus Hamburg, die sich bereit erklärt hat vier Wochen ohne Plastik zu leben. Überwacht wird das Experiment von einer Toxikologin vom Umweltbundesamt. Der Hintergrund ist, dass Plastik Bisphenol A und Phthalate enthalten kann. Das sind giftige Stoffe von denen befürchtet wird, dass sie den Stoffwechsel stören und das Verhalten ändern können, zu Diabetes, Allergien oder Fettleibigkeit führen und die Fruchtbarkeit oder die Entwicklung hemmen. Studien aus letzten Jahren zeigen, dass bei Männern die Fruchtbarkeit stark abgenommen hat. Experten vermuten als Grund dafür die Giftstoffe aus Plastik.

Der erste Tag startet mit einer Begehung durch das komplette Haus. Zuerst werden die wichtigsten Quellen der Giftstoffe aus Plastik gesucht und aussortiert. Eine komplette LKW Ladung wird aus dem

Haus transportiert. Los geht es mit Schüsseln, Tellern aus Kunststoff. Dann sind der Kühlschrank und die Vorratskammer dran und alles was in Kunststoff oder Plastik gepackt ist wird entfernt, weil bei allen feuchten fetthaltigen Lebensmitteln wie Käse, Öl, Butter und Soßen die angeblich gefährlichen Giftstoffe aus der Umverpackung auf das Essen übergehen können. Auch Gläser mit Nuss-Nugat-Creme und Erdnussbutter werden aussortiert, weil die Schraubverschlüsse eine Dichtung aus Kunststoff haben. Ebenso wie Konservendosen, weil sie innen mit Plastik beschichtet sind. Übrig bleibt nur gähnende Leere.

Aber damit nicht genug, selbst im Bad wird aussortiert. Zahncreme, Zahnbürsten, Deodorants und sogar der Vorhang in der Dusche und der Wischeimer werden entfernt.

Danach ist das Spielzeug der Kinder dran und die Elektronik der Erwachsenen.

Zwei Tag wird das gesamte Haus einigermaßen frei von Plastik gemacht. Einige Dinge darf die Familie behalten, wie Steckdosen, Kühlschrank und Brillen.

Danach startet das Experiment.

In der ersten Woche fehlen die Messer, weil diese einen Plastikgriff hatten. Es gibt kein Spülmittel mehr und der erste Einkauf zeigt schon, dass es ohne Kompromisse überhaupt nicht geht. So kann die Familie eigentlich keinen Käse kaufen, weil dieser, laut Hygienebestimmungen, immer in einer Verpackung an den Kunden übergeben werden muss. Die Blechdose, die die Familie beim Einkauf dabei hat, kommt erst nach der Bezahlung zum Tragen, indem der Käse aus der Umverpackung genommen und umverpackt wird. Auch Gewürze sind nicht mehr vorhanden, weil alle in Plastikverpackungen waren. Also sucht die Familie nach Alternativen. Auch hier gibt es mehr oder weniger Probleme, weil es zwar Gewürze im Glas gibt, die aber wiederum mit einem plastikbeschichteten Deckel verschlossen werden. Im Biomarkt ist die Familie dann auf der Suche nach Kosmetik, Deo und WC-Papier. Keine Chance. Kosmetik steckt in Verpackungen aus Plastik und selbst wenn man ein Deo findet, das in einer Glasflasche ist, ist der Sprühkopf doch wieder aus Plastik. Beim Toilettenpapier ging es dann einfach nicht ohne Plastik. Auch hier wieder der Kompromiss. Nach dem Bezahlen wurden die Papierrollen aus der Plastikverpackung genommen und ohne Plastik mit nach Hause genommen. Nach der ersten Woche sagte die Mutter "Ein Leben ohne Plastik macht hungrig." Damit spricht sie den Joghurt an, der ihr und der ganzen Familie fehlt und die Eisenpfanne, die viel kleiner ist als ihr Vorgänger und so dauert es deutlich länger als früher, bis das Essen für die komplette Familie auf dem Tisch ist.

Zweite Woche: Beim Einkaufen wird schon hier und da mal geschummelt. So wird beim Fleischer des Vertrauens Fleisch gekauft, das natürlich in Plastik eingepackt ist. Auch findet sich im Kühlschrank noch in Plastik abgepackter Käse. Währenddessen wurden 15 Lebensmittel der Familie (die zu Beginn ausgeräumt wurden) im Labor untersucht. In 14 von 15 wurden Phthalate und andere Weichmacher gefunden, allerdings war bei allen die Belastung unter dem vorgeschriebenen Grenzwert. Im Bad ersetzen mittlerweile Korken die Plastikverschlüsse und der Duschvorhang ist jetzt aus Stoff mit Gardinenhaken, weil es keinem Duschvorhang ohne Plastik gab. Die Mama vermisst ihre Küchengeräte, vor allem das Rührgerät. Die Schlagsahne für den Kuchen bekam sie mit reiner Handarbeit nicht steif geschlagen. Auch Kuchen backen ohne Rührgeräte ist wohl eher anstrengend.

Woche 3: Bis auf ein Kind haben alle Kinder Blechdosen für ihr Essen in der Schule. Nun stellt sich heraus, dass die Äpfel, die in Brotpapier eingewickelt wurden, im Ranzen matschen und die Unterlagen vollschmieren. Der Familie fehlen die Süßigkeiten.

Insgesamt wird mehr Geld für Essen ausgegeben, weil zum einen natürlich woanders gekauft wird, zum anderen aber, laut Anmerkung der Familie, aktiv nach Ersatz für süße Sachen gesucht wird. In einer Situation wollte ein Kind etwas aus seinem Spielzeug puhlen, hier musste man auch wieder ideenreich sein, da die Schraubendreher alle einen Plastikgriff hatten und somit nicht mehr im Haus waren. Teilweise ist jedem in der Familie mal langweilig, weil natürlich auch alle CDs und DVDs weg sind und es so viele Spieleabende gibt. Die beiden großen Mädels sind ein wenig hin- und hergerissen. Zum einen fehlt das Filmschauen, zum anderen verbringen sie jetzt mehr Zeit mit der Familie.

Die letzte Woche startet mit einer genervten Mama. Sie bekam zwar Milch, aber der Käse war bereits im Laden portioniert worden, so dass er in Plastik eingewickelt war. Vor allem der Einkauf von Lebensmitteln macht ihr wirklich Mühe. Zwischen Arbeit, Kindern und Haushalt mal schnell einkaufen geht einfach nicht, da man in spezielle Läden gehen muss, was zeitaufwändig ist. Auch beim Putzen hat sie noch so ihre Sorgen. Da die Putzmittel ja auch in Plastikbehältern sind, nutzt sie aktuell Waschnüsse und Essig. Allerdings hat sie noch mit der Essenz aus den Waschnüssen zu kämpfen, weil der Boden noch nicht so richtig sauber wird (Waschnüsse werden ausgekocht, um daraus eine Essenz herzustellen). Außerdem hat sie auch bis zur letzten Woche keinen Eimer gefunden, der ohne Plastik auskam, so dass sie den Lappen immer wieder zum Waschbecken zurück tragen musste um ihn auszuspülen.

Am letzten Tag kommt die LKW Ladung mit den ausgelagerten Plastikdingen wieder. Bevor alles wieder eingeräumt wird, sortiert die Familie einiges aus, was sie nun tatsächlich zum Recyclinghof bringt. Immerhin 20 Kartons werden schlussendlich tatsächlich entsorgt.

Die gesundheitlichen Ergebnisse sehen wie folgt aus: Die Lebensmittel sind zwar alle belastet, lagen aber unter dem Grenzwert. Blut-, Urin- und Staubproben ergaben, dass die Belastung während des Experiments zwischen 30% und 80% zurückgegangen ist.

Das Fazit des Experimentes der Familie: Ein Leben ohne Plastik ist nicht möglich. Man muss sehr viele Kompromisse eingehen und es ist um einiges teurer. Allerdings kann man sich einschränken und bewusster darauf achten, was man kauft und wie man es lagert.

Damit ihr euch ein Bild machen könnt, schaut doch das komplette Video selbst: https://youtu.be/wkzDxQPr_MI

Einem Selbstexperiment hat sich auch Uwe Leiterer mit seiner Familie verschrieben. Anfang 2018 möchte er herausfinden, ob ein Leben ohne Plastik möglich ist und wie sich ein Verzicht auf die Gesundheit auswirkt. Parallel dazu schaut er auch nach rechts und links rund um das Thema Plastik. So findet er heraus, dass der Abfall aus der gelben Tonne oft gar nicht in einer Recyclinganlage ankommt, sondern verbrannt oder ins Ausland transportiert wird. Während seines Experiments wird er bei Supermärkten und Discountern herausfinden, ob die Hersteller tatsächlich den Verpackungsmüll reduzieren. Er schaut sich in Bio- und Unverpackt-Läden um und geht auf den Wochenmarkt. Außerdem liegt auch sein Augenmerk auf den Phthalaten, die im Verdacht stehen schädlich für Organe zu sein.

In der ersten Woche schaut er sich die Verwertungsketten unseres Plastikmülls an und stellt fest, dass man von Recycling oft gar nicht sprechen kann. Der Rat für Nachhaltigkeit der Bundesregierung hat nur eine Recyclingquote von 36% bei Plastikverpackungen ermittelt. Alles andere landet in wenigen Fällen auf der Deponie bzw. wird hauptsächlich verbrannt. Das Problem ist, dass verschiedene Kunststoffe miteinander verbunden sind. Joghurtbecher haben Aluminiumdeckel oder bei Brötchentüten haben wir einen Mix aus

Kunststoff und Papier. Diese Mischungen können in automatisierten Sortieranlagen nicht erkannt werden. Diese Anlagen verwerten nur sortenreines Plastik wieder. Oft wird auch schwarzes Plastik nicht erkannt in den Anlagen. Unsere Tetrapaks bestehen nicht nur aus Karton, sondern plastikbeschichtetem Aluminium und ausgegossen wird aus einer Plastiktülle. Weil es zu aufwendig wäre die verschiedenen Stoffe zu trennen, werden die Getränkekartons in der Regel verbrannt.

Wirkliches Recycling findet bei PET Produkten statt (oft Getränkeflaschen)? Hier werden 95% wieder zu PET und aus dem recycelten Granulat werden dann Zelte oder Regenjacken hergestellt. Eine erneute Herstellung zur Getränkeflasche ist aus verschiedenen Gründen nicht möglich.

Schon in der zweiten Woche gibt Herr Leiterer den Hinweis, dass man ein solches Experiment lieber auf den Urlaub verlegen sollte, weil man da deutlich mehr Freizeit hat. Er war beruflich eingespannt und so musste die komplette Familie mit den Konsequenzen leben. Da er nicht einkaufen war, mussten sich alle von Konserven ernähren. Weil es schnell gehen musste, hat er seiner jüngsten Tochter Tintenpatronen mit einer Plastikverpackung gekauft und die Äpfel am Obststand in eine Plastiktüte gesteckt. Deshalb übernahm seine Frau den Einkauf am Wochenende, aber auch sie kam mit drei Plastikverpackungen zurück. Deshalb wurde ihm klar, dass ein Leben ohne Plastik tatsächlich einer präzisen logistischen Planung unterliegt.

In der dritten Woche stellt er fest, dass es ziemlich anstrengend ist Plastikmüll zu vermeiden. Er versucht die Müllvermeidung in den Alltag zu integrieren, aber das ist unheimlich schwer. Zum Einkaufen nimmt er zwei Kunststoffbehälter für Wurst und Käse mit, 3 Stoffbeutel und drei wiederverwendbare Plastiktüten für Obst und Gemüse. Mittlerweile hat er die Erfahrung gemacht, dass es in Supermärkten nicht gern gesehen wird, wenn man Obst und Gemüse direkt aufs Laufband legt. Außerdem muss er nun in mindestens 4 Geschäften einkaufen, was er vorher in einem Laden erledigt hat, weil nur so plastikfreie Alternativen zu finden sind. Säfte und Wasser kauft er nicht mehr in Plastikflaschen, sondern wieder in der Variante aus Glas.

Wie auch schon die Familie aus Hamburg feststellen musste, kommt es bei Fleisch, Fisch und Käse von der Frischetheke zu Problemen. Die Hygienevorschriften besagen, dass ein Kunde mitgebrachte Boxen nicht hinter die Theke reichen darf, damit keine Keime dahin gelangen und der Verkäufer darf die Boxen nicht berühren. Im Supermarkt sind Kunden mit mitgebrachten Behältern deshalb nicht sonderlich beliebt. Auch schon von der Hamburger Familie gehört haben wir, dass Süßigkeiten, Knabberartikel und Hygieneartikel ohne Plastik praktisch nicht zu bekommen sind. Zum einen erklären die Hersteller, dass sich die Ware so besser stapeln lässt und bei teuren Produkten muss man irgendwie einen Diebstahlschutz an der Ware befestigen können.

In der vierten Woche folgt ein Preisvergleich von Lebensmitteln ohne Plastik. So entdeckt Herr Leiterer den Wochenmarkt wieder für sich. Hier gibt es sehr viele Lebensmittel ohne Umverpackungen und die Ware in mitgebrachten Behältern oder Beuteln zu verstauen ist überhaupt kein Problem. Außerdem sind die Lebensmittel vom Wochenmarkt auch nicht teurer als unverpackte Lebensmittel im Supermarkt. In seinem Experiment hat er mal die Preise von Edeka und dem Wochenmarkt verglichen:

Preisvergleich: Lebensmittel mit und ohne Plastikverpackung

Produkt	Menge	Edeka unverpackt	Edeka verpackt	Wochenmarkt
Äpfel	1 kg	2,99 €	2,65 €	2,00 €
Cherry-Tomaten	0,5 kg	4,95 €	1,79 €	3,45 €
Gouda mittelalt	0,4 kg	3,56 €	1,96 €	7,60 €
Kartoffeln	2,5 kg	2,57 €	2,57 €	3,50 €
Katenschinken	0,5 kg	8,95 €	10,95 €	9,95 €
Mandarinen	0,5 kg	1,74 €	1,49 €	2,00 €
Möhren	1 kg	1,99 €	0,99 €	1,99 €
Paprika rot	1 kg	3,99 €	3,58 €	5,90 €
Spargel	2 kg	17,76 €	11,98 €	5,00 €
Tortenbrie	0,2 kg	3,58 €	3,58 €	6,40 €
Zwiebeln	2 kg	1,98 €	1,98 €	4,00 €
Summe		**54,06 €**	**43,52 €**	**51,79 €**

Quelle: https://www.ndr.de/ratgeber/verbraucher/Lebensmittel-ohne-Plastik-guenstig-einkaufen,plastik290.html

Wie man hier gut erkennen kann, ist der Einkauf mit Plastikverpackungen nach wie vor am günstigsten. Saisonale Ware findet man nur noch auf dem Wochenmarkt günstiger. Wenn ihr kurz vor Marktschluss hingeht, gehen die Preise nochmal deutlich runter. Wer nicht in der Stadt wohnt, sollte auch mal nach Verkauf auf Bauernhöfen schauen. Die Hofläden haben immer ein schönes Angebot. Für regionale Angebote könnt ihr auch die Regio App nutzen. Vielleicht stolpert ihr über Läden, die euch bisher nie aufgefallen sind.

In der nächsten Folge gehen langsam einige Vorräte aus. Im Gegensatz zu der Hamburger Familie, hat er zu Beginn des Experiments nichts aussortiert, sondern ersetzt nach und nach was alle wird. So konnte er bisher auch vermeiden Shampoo, Duschgel und Zahnpasta kaufen zu müssen. Jetzt, wo sich die Dinge dem Ende neigen, versucht er sein Glück in einem "Unverpackt-Laden". Hier gibt es sehr viele Dinge zum selbst abfüllen. Bringt man seine eigenen Gefäße mit, kann man Waschmittel, Shampoo oder Duschgel abfüllen. Hier gibt es feste

Haarseife als Alternative zum Shampoo und Kokosmilch kann man als Hautcreme nutzen. Die Zahnbürsten sind aus Bambusholz und Zahnpasta gibt es im Glas. Als Alternative zur Frischhaltefolie gibt es eine Variante aus Bienenwachs und Baumwolle zum immer wieder verwenden.

Das Problem sind die Preise. Für Familien ist ein ständiger Einkauf in diesen Läden nicht zu leisten. Es ist super, dass es plastikfreie Waren in diesen Läden gibt, aber für Otto-Normal-Verbraucher viel zu teuer.

So teuer ist der Einkauf im Unverpackt-Laden

Preisvergleich: Unverpackt-Laden und Supermarkt

Produkt	Unverpackt-Laden	Rewe-Supermarkt
Frischhaltefolie	14,95 €	2,49 €
Klopapier	2,20 €	0,50 €
Shampoo	12,99 €	3,29 €
Tampons (20 Stück)	3,85 €	1,78 €
Zahnbürste	3,90 €	1,69 €
Zahnpasta (1265 ml)	7,99 €	2,36 €
Summe	**45,88 €**	**12,11 €**

Quelle: https://www.ndr.de/ratgeber/verbraucher/Unverpackt-Laden-Wie-teuer-ist-der-Einkauf,plastik294.html

Nach ungefähr 5 Wochen ist er erstaunt vom Blick in die gelbe Tonne. Er hat seinen Plastikmüll vor dem Experiment gewogen und kam auf 2.93 kg innerhalb von 4 Wochen. Jetzt, nach ca. 5,5 Wochen Plastikfrei sind es 240 g. Folgende Tipps hält er für uns bereit:

1. Taschen, Beutel und Dosen mitnehmen,
2. m Hofladen oder auf dem Wochenmarkt einkaufen,
3. auf Tetrapaks und Plastikflaschen verzichten,
4. Plastik mehrfach verwenden
5. Lebensmittel für eine Woche einkaufen
6. frisch kochen

7. Kaffeebecher mitnehmen

Die Frage, ob Plastik krank macht ist recht schwer zu beantworten. Kunststoff selbst ist nicht giftig. Es sind die Weichmacher, die unseren Hormonhaushalt beeinflussen können. Wie wir schon wissen, wäre es möglich, dass Weichmacher wie Bisphenol A und Phthalate die Fortpflanzungsfähigkeit beeinflussen können und Auslöser für Allergien sind. Deshalb sind mittlerweile EU weit viele Babyartikel verboten die Substanzen wie die Phthalate DEHP, BBP und DBP enthalten.

Zu Beginn seines Experimentes hat Herr Leiterer seinen Urin auf solche Substanzen untersuchen lassen. Jetzt, nach dem Verzicht von Plastik ca. 6 Wochen später gibt es folgendes Ergebnis:

Weichmacher im Blut laut Labor (Einheit: Mikrogramm pro Liter)

Weichmacher	Probe vom 10.4.2018	Probe 25.5.2018	Referenzwert für Erwachsene
DEHP	6,9	2	unter 21,5
BBP	1	1,3	unter 15
DBP	9,9	8,4	unter 70
DIP	6,7	5,6	unter 140
Bisphenol A	2	nicht nachweisbar	unter 7

Quelle:
https://www.ndr.de/ratgeber/verbraucher/Plastikverzicht-Weniger-Weichmacher-im-Blut,plastik416.html

Die Belastung im Körper wurde tatsächlich gesenkt. Von den Referenzwerten für Erwachsene war er aber vorher schon weit entfernt. Vermutlich liegt das an der frischen Zubereitung von Lebensmitteln.

Zum Schluss des Experimentes "Leben ohne Plastik" ist Herr Leiterer auch irgendwie froh, dass es vorbei ist. Er genießt die Freiheit etwas Verpacktes zu kaufen, wenn die Zeit mal knapp ist, hat aber auch viele Erkenntnisse über sein eigenes Einkaufsverhalten mitgenommen.

So benötigt man für einen plastikfreien Einkauf eine gute Planung und ein wenig mehr Zeit. Manche Dinge sind wirklich schwer zu finden, wie die Lieblingszahnpasta oder spezielle Nudelsorten. Die Alternative für Toilettenpapier ohne Plastikverpackung ist Bambuspapier aus China, das im Pappkarton geliefert wird. Hier ist allerdings fraglich, ob es sinnvoll ist, das Papier 7.500 km durch die Welt zu befördern. Da sieht die Ökobilanz dann nicht wirklich gut aus. Mehrwegsysteme aus Glas haben sich dagegen für ihn bewährt. Ökologisch sinnvoll sind diese aber nur, wenn sie nicht weiter als 200 km transportiert werden. Sinnvoll ist es auf jeden Fall immer Einkaufstaschen dabei zu haben, um nicht ausversehen doch zur Tüte greifen zu müssen. Und, wie auch schon die Hamburger Familie merkte, man braucht mehr Zeit in der Küche, weil man sich mehr Gedanken über die Auswahl und die Zubereitung macht.

5-R-Regel (Refuse, Reduce, Re-Use, Recycle und Rot)

Die einfachste Regel bei Plastik ist die 5-R-Regel. Sie steht für:

Refuse = vermeiden,

Reduce = reduzieren,

Re-Use = wiederverwenden und reparieren,

Recycle = zur Wertstoffsammlung geben und

Rot = kompostieren.

Lehnt man Plastik ab, soweit es irgendwie geht, schleppt man weniger Müll nach Hause. Wenn das nicht funktioniert, reduziert man wenigstens und verbraucht damit weniger Ressourcen. Also eher Sachen mal reparieren oder auf wiederverwendbare Dinge setzen. Was übrig bleibt kann man zum Recyclinghof bringen und eventuell kompostieren. Im Folgenden werde ich auf jedes einzelne Thema noch einmal genauer eingehen.

REFUSE - ABLEHNEN

Tatsächlich können wir den meisten Müll vermeiden, indem wir überflüssige Verpackungen versuchen abzulehnen. Der Hintergrundgedanke ist, je weniger mit Umverpackungen gekauft wird, umso eher denken die Hersteller um und produzieren weniger. Später muss damit dann natürlich auch weniger entsorgt werden.

Es gibt eine App, in der man den Hersteller darauf hinweisen kann, die Replace Plastic App. Damit könnt ihr den Barcode eurer Produkte scannen und dem Hersteller mitteilen, dass ihr dieses Produkt lieber ohne oder mit weniger Plastik haben würdet. Mit einem Barcode ermittelt die App das Produkt und den Hersteller und bietet vorformulierte Nachrichten an. Hinter der App versteckt sich der gemeinnützige Verein Küste gegen Plastik. So werden eben neben den Verbrauchern auch die Hersteller aufgefordert etwas zu ändern. Die App gibt es für Android oder iOS.

Utopie hat die App getestet und hält sie für eine ziemlich gute Idee, weil man durch Verbraucherprotest tatsächlich etwas bewegen kann. Sie ist leicht zu bedienen und funktionierte während des Tests einwandfrei.

Gurken, die noch einmal extra in Plastik eingeschweißt sind, können wir getrost liegen lassen, da es normalerweise im gleichen Geschäft eine Alternative ohne Plastik gibt. Auch bei Werbegeschenken (z.B. Kugelschreiber, Mini-Duschbad aus dem Hotel) sollten wir schauen, ob wir sie wirklich benötigen. Umso mehr wir davon annehmen, umso mehr werden produziert. Wenn wir uns alle ein wenig einschränken, versteht der Hersteller vielleicht, dass er nicht mehr so viele Abnehmer findet.

Mit folgenden Tipps können wir alles ein Stück weit einschränken:

- Wenn die Zeit da ist, auf dem Wochenmarkt, in Hofläden oder in Bio-Märkten einkaufen gehen und mitgebrachte Taschen verwenden.

- Statt Flyer oder Visitenkarten anzunehmen lieber mit dem Handy abfotografieren.
- Kleine Shampoo Flaschen aus Hotels dort verbrauchen und nicht mit heim nehmen. Oft liegen sie daheim nur noch herum und werden nicht genutzt, weil wir da ja unsere eigenen Flaschen haben. Auch bei anderen Freebies vorher nachdenken, ob sie benötigt werden.

REDUCE - REDUZIEREN

Irgendwie haben wir doch alle Vorräte im Kühlschrank die abgelaufen sind oder alte Handys, die nie wieder benutzt werden. Ab und an ist es Zeit die alten Dinge mal auszumisten und wieder in Umlauf zu bringen. Alles wurde irgendwann einmal produziert und transportiert. Dass so etwas Ressourcen kostet, wissen wir. Es macht also Sinn, wenn wir so viele Dinge wie möglich wieder gut unter die Menschen bringen. Wir sind die Dinge los und andere freuen sich darüber. Ob man ausgemistete Dinge nun verkauft oder verschenkt bleibt da jedem selbst überlassen. Wichtig ist, dass uns bewusst wird, dass alles einmal hergestellt wurde und wenn es noch brauchbar ist, auch weiter verwendet werden sollte. Seit einiger Zeit stehen in oder vor Häusern immer mal wieder Kartons mit Dingen, die nicht mehr benötigt werden vom Inhaber und so wechseln sie den Eigentümer und werden weiter verwendet. Für Kleidung gibt es in vielen Städten Klamottentauschparties und in einigen Städten Umsonst-Läden, in die man Sachen hinbringen und mitnehmen kann. Auch bei Facebook und Ebay findet man lokale Gruppen, in denen man tauschen, verschenken oder verkaufen kann.

Ansonsten sollten wir uns auch mal fragen, ob wir verschiedene Arten von Wasch- und Putzmitteln brauchen. Ärgert sich meine weiße Wäsche schwarz, wenn ich sie mit normalem Waschmittel wasche.

Oder stürzt der Boden meines Badezimmers vor Empörung ein, wenn ich ihn nicht mit Badreiniger putze. Und bekomme ich einen Jetlag, wenn ich meine Nachtcreme auch tagsüber auftrage?

Viele Dinge sind eigentlich nicht nötig und können eingeschränkt werden. Schaut mal daheim nach, was ihr so alles ausmisten könntet.

RE-USE – WIEDERVERWENDEN UND REPARIEREN

Einwegprodukte sind großartig - für die Industrie. Schließlich werden sie nur minimal genutzt und müssen ständig nachgekauft werden.

Hier mal ein paar Mehrweg-Alternativen:

- **Taschentücher**: Früher gab es die gar nicht, da haben alle Stofftaschentücher genutzt und diese dann gewaschen.
- **Küchenrolle**: Ja, hatte ich früher auch, weil es einfach schnell ging. Heute nutze ich aber wieder den Lappen, der dann gewaschen wird.
- **To-Go-Becher**: Mittlerweile gibt es in einigen Städten wiederverwendbare Becher die einmalig gekauft oder gemietet werden und dann wiederverwendet werden können. Auch in Supermärkten gibt es Thermobecher, die man nutzen kann.
- **Backpapier**: Hier habe ich vor Monaten mal eine Dauerbackfolie gekauft. Die spüle ich ab und nutze sie immer wieder.
- **Getränke-Automaten**: Statt sich Getränke am Automaten zu kaufen, vielleicht im Vorfeld darüber nachdenken und selbst welche von daheim mitnehmen. Das schont auch den Geldbeutel.
- **Kaffeefilter/-kapseln/-pads**: Ich persönlich habe keine Maschine für Pads oder Kapseln. Es gibt allerdings mittlerweile eine Frenchpress-Kanne mit wiederverwendbaren Metallkapseln und Metallfilter für die Maschine.

- **Teebeutel/-filter**: Auch hier geht die Alternative der Frenchpress-Kanne oder ein Tee-Ei, welches unserer Großeltern damals auch verwendet haben.
- **Schaschlikspieße**: Die gibt es aus Metall, um sie immer wieder verwenden zu können.
- **Muffinförmchen aus Papier**: Hier kann man als Alternative Silikonbackförmchen nutzen.
- **Einwegrasierer**: Nur wenn es aus medizinischen Gründen nötig ist. Alternativ gibt es Elektrorasierer oder Rasierhobel.
- **Eiswürfelbeutel**: Auch hier gibt es die Alternative aus Plastik oder Silikon die immer wieder verwendet werden kann.
- **Trinkhalme**: Bei jedem Kindergeburtstag gibt es Trinkhalme und für einige Cocktails sind sie auch bei Erwachsenen hoch im Kurs. Hier gibt es Alternativen aus Glas oder Edelstahl, wobei ich die Glashalme dann eher bei den Erwachsenen einsetzen würde.
- **Hundekotbeutel**: Ich persönlich finde es ja irgendwie traurig, dass etwas Biologisches nun in etwas nicht Biologisches eingepackt werden soll. Das ist für mich irgendwie kontraproduktiv. Eine Alternative zum Plastikbeutel bietet PooPick.

RECYCLE

Wenn trotz der vielen oben genannten Tipps und Ratschläge etwas an Müll anfällt, sollte man es ins Recycling geben, damit wenigstens noch ein paar Ressourcen geschont werden.

ROT – KOMPOSTIEREN

Kompostieren können wir Plastik natürlich nicht. Aber unsere Küchenabfälle können wir zu hochwertigem Dünger verwandeln. Wer einen Garten hat ist da klar im Vorteil. In der Küche daheim würde ich das Experiment eher nicht starten, aber Balkon oder Terrasse wären eine Möglichkeit. Man kann eine Wurmkiste anlegen, in der Kompostwürmer leben. Die Würmer verwerten Küchenabfälle und einen Teil des Papiermülls und verarbeiten alles zu Dünger. Man sagt, dass der Prozess geruchlos wäre bzw. nach Waldboden riecht, ich hab es selbst noch nicht probiert. Für Kinder ist es faszinierend, wenn sie quasi zuschauen können, wie ihr Müll verarbeitet wird.

Recycling in Deutschland

Deutschland produziert mit 220 kg (im Jahr und pro Kopf) mehr Verpackungsmüll als irgendjemand sonst in Europa. Dafür stehen wir aber auch beim Recycling seit Jahren ganz oben auf der Liste. So will man uns weiß machen. Wie bei so viele Bilanzen, ist es auch in diesem Fall Augenwischerei, weil die Auslegung des Begriffs Recycling etwas kreativ gehandhabt wurde. Zur Berechnung der Quote wird die Müllmenge herangezogen, die bei Recycling- oder Kompostieranlagen angeliefert wird. Das heißt aber nicht, dass das alles auch wiederverwertet wird. Ein beträchtlicher Teil - nämlich 40% bis 60% - wird überhaupt nicht bearbeitet, sondern aussortiert. Damit gehen uns wichtige Sekundärrohstoffe verloren. Die korrekte Recyclingquote dürfte also um 15% bis 20% niedriger sein.

Diese "Beschönigung" dürfte jedoch bald ein Ende haben. Ein Beschluss vom Europäischen Parlament beinhaltet, dass die Recyclingquote künftig einheitlich definiert wird. Laut einer Hochrechnung wird die gesetzliche Recyclingquote für Abfall aus Kunststoff aus dem Hausmüll bis 2022 auf 63% ansteigen. In Deutschland wird weniger als 30% des Kunststoffs "stofflich" verwertet, um damit neue Produkte herzustellen. Der Rest geht in exportiert oder in einer Müllverbrennungsanlage verbrannt. China wird der Plastikmüll aus anderen Ländern mittlerweile zu viel und sie haben ein Importverbot für Müll aus Kunststoff für Industrie und Gewerbe in Kraft gesetzt. Man darf gespannt sein, wohin die 560.000 Tonnen deutsches Altplastik jährlich zukünftig gehen, vielleicht nimmt ja Malaysia noch ein bissel mehr ab.

Wie weiter oben schon einmal kurz erwähnt, erklärt sich die niedrige Quote beim Recycling damit, dass dem ursprünglichen Produkt Farbstoffe, Weichmacher oder Stabilisatoren beigemengt wurden, die zukünftige Einsatzmöglichkeiten erheblich vermindern. Auch die Infraroterkennung der Sortieranlagen erkennt nicht alles korrekt. Ist ein Etikett zu groß, könnte es von der Sortieranlage nicht erkannt werden, ebenso wie schwarzes Plastik oder miteinander verklebte Folien.

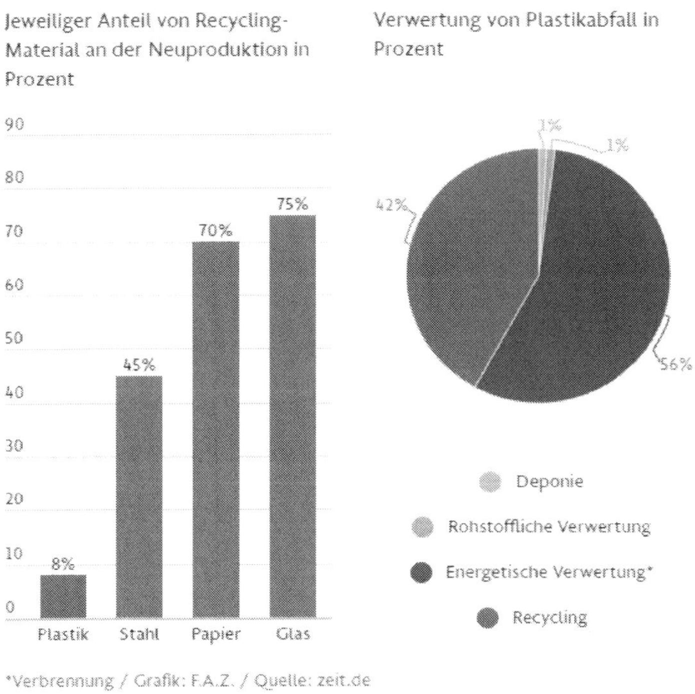

Anfang 2019 trat das neue Verpackungsgesetz in Kraft, dass die Recyclingquote erhöhen soll. Damit wird den dualen Systemen wie “Der Grüne Punkt” vorgeschrieben, ihre Preise zukünftig an die Wiederverwertbarkeit der Verpackungen zu koppeln. Neun duale Systeme gibt es in Deutschland. Sie erhalten von Industrie und Handelsunternehmen Entsorgungsgebühren, damit sie Entsorger und Recycler bezahlen können. Verpackungen, die gut zu recyceln sind, sollen zukünftig weniger kosten. Die Preise selbst sind nicht vorgeschrieben, allerding ist eine Spreizung der Lizenzgebühren Pflicht. Eine kleine Hilfe soll hier die neue Behörde Zentrale Stelle Verpackungsregister (ZSVR) bieten. Zusammen mit dem Umweltbundesamt wurde ein Katalog mit Kriterien, welcher die Mindeststandards festlegt und ein Punktesystem für recyclinggerechtes Verpackungsdesign definiert. Zukünftig müssen sich die Preislisten für das Entsorgen über die gelbe Tonne daran orientieren.

Ziel des neuen Systems ist es für Hersteller Anreize zu schaffen, damit sie eher auf recyclingfreundliche Verpackungen zu setzen. Ökologisches Verpackungsdesign soll ein Marketingthema werden. Klingt erstmal gut, ruft aber direkt wieder Kritiker auf den Plan. So weisen sie darauf hin, dass es sich die im Wettbewerb stehenden Unternehmen kaum leisten können schlechter verwertbare Produkte zu verteuern, weil sie damit ihre Kunden an die Konkurrenz verlieren könnten. Außerdem konzentriert sich die neue Anforderung zu sehr darauf zu recyceln, statt Müll direkt zu vermeiden. Zudem sind die Gebühren viel zu niedrig, um damit wirklich einen Plastikverzicht zu erreichen. Der Umweltverbund BUND bezweifelt, dass die Landesbehörden die Kapazitäten für die Kontrollen bereitstellen können.

“Lucid” ist ein Verpackungsregister, das für Wettbewerbsgleichheit sorgen soll und Teil des neuen Gesetzes. Bis Anfang des Jahres mussten sich alle Industrie- und Handelsunternehmen, aber auch die Importeure, die in unserem Land verpackte Ware für Kunden in den Verkehr bringen, da registrieren. Das Register ist öffentlich und online. Ist man nicht dort registriert, riskiert man Vertriebsverbote und Bußgelder. Damit möchte der Staat das in Verruf geratene duale System retten. Bisher zahlten nur etwa 60.000 Unternehmen Lizenzgebühren, obwohl es eigentlich 700.000 Unternehmen sind. Dadurch entstand eine Finanzierungslücke von 200 Millionen Euro.

Tatsächlich ist auf dem Markt der dualen Systeme im Moment einiges im Gang. Mitte März 2018 reichte die Europäische Lizenzierungssysteme GmbH (ELS) einen Insolvenzantrag ein. ELS war das zehnte duale System in Deutschland, das die Entsorgung von Verpackungsabfall organisierte. Gleichzeitig ist es das erste Unternehmen dieser Art das in die Insolvenz gerutscht ist. Zum Schluss hatten sie noch einen Marktanteil von etwa 6%, also 6% der deutschen Sammelgebiete, die die Ausschreibungsführerschaft haben und dort Aufträge an Müllabfuhren vergeben. ELS war bundesweit vertreten. Experten gehen nun davon aus, dass es zukünftig deutlich weniger Anbieter geben wird.

Parallel dazu wollen Unternehmen wie die Schwarz-Gruppe (dazu gehört auch Lidl und Kaufland) ein eigenes Kreislaufsystem integrieren. Vielleicht erkennen Industrie und Handel langsam den strategischen Wert dieser Form von Rohstoffgewinnung.

Im Moment ist die Produktion von Verpackungen aus recyceltem Material noch zu teuer, um nicht doch wieder auf Kunststoff zurückzugreifen. Es gibt durchaus Initiativen wie Rewe, Aldi und Tchibo, die recycelten Kunststoff in der Verpackung von Reinigungsmitteln einsetzen. Ein Statement dazu von Peter Kurth (Präsident des Bundesverbandes der Kreislauf- und Ressourcenwirtschaft): "Es ist nicht damit getan, dass die Politik einfach nur die Quoten hochsetzt. Sie muss auch die Bedingungen dafür schaffen, dass die gesammelten Mengen einen Absatzmarkt finden." Auch sagt er, dass die Politik mit steuerlichen Anreizen, Erleichterungen und Mindestvorgaben den Einsatz von Sekundärrohstoffen fördert muss. Die Akzeptanz der Industrie muss verbessert werden, denn mangelhaftes Rohmaterial, wie unsauber getrennter Hausmüll, ist eben nichts im Vergleich zur gleichbleibenden Qualität ihrer bisherigen Rohstoffe.

Hennig Wilts (Abfallexperte am Wuppertaler Institut für Klima, Umwelt und Energie - Bereich Kreislaufwirtschaft) geht noch weiter. Er hält das deutsche Recyclingsystem für gescheitert. Die Konsequenz für ihn wäre, dass man zum Einsatz von recycelten Materialien bei der Herstellung von Plastik gezwungen wird. Gleichzeitig darf die Plastikherstellung nicht mehr subventioniert werden: Wird Rohöl zu Plastik verarbeitet ist es steuerfrei. Außerdem sollen Unternehmen für die Umweltverschmutzung mit verantwortlich gemacht werden können. "Für eine leere Flasche am Strand von Myanmar muss ich denen eine Rechnung schicken können" so sagt er. Die Zuordnung zum Hersteller ist technisch schon möglich.

Label und Siegel

In vielen Supermärkten laufen uns heutzutage Plastik- und Papiertaschen mit verschiedenen Labeln und Siegeln über den Weg. Ich habe mal recherchiert, was sich dahinter verbirgt und wie es uns Konsumenten vielleicht weiterhelfen kann.

GOTS

Diese Label habe ich sehr häufig auf Stoffbeuteln aus dem Supermarkt gesehen.

GOTS kommt von Global Organic Textile Standard. Es wurde 2002 von Bio-Baumwollproduzenten, Textilindustrie, Nichtregierungsorganisationen und Zertifizierern entwickelt. Seit 2014 gibt es die Version GOTS 4.0, bei der die Anforderungen erhöht wurden, jedoch auch darauf geachtet wird, dass für Hersteller und Einzelhändler die Herstellung umsetzbar bleibt.

Folgende Kriterien stehen dahinter: Alle Produkte müssen zu mindestens 70% aus biologisch erzeugten Naturfasern bestehen. Für die noch strengere GOTS Kennzeichnung "Bio" sind 95% nötig. Alle enthaltenen chemischen Stoffe müssen bestimmten Kriterien folgen, die die Umwelt- und Gesundheitsverträglichkeit erfüllen. Komplett verboten sind Formaldehyd, gentechnisch veränderte Organismen, giftige Schwermetalle, funktionelle Nanopartikel und Accessoires aus Chrom, Nickel und PVC.

Das Zertifikat beinhaltet alle Phasen von Textilien (Herstellung, Transport und Nutzung). Um das Zertifikat zu bekommen, müssen Faserproduzenten nach den Richtlinien für ökologische Landwirtschaft arbeiten und Veredlungsbetriebe eine Kläranlage nachweisen können. Teil des Siegels sind aber auch die sozialen Bedingungen innerhalb der Lieferkette. Eingehalten werden müssen mindestens die Kriterien der Internationalen Arbeitsorganisation (ILO). Außerdem gelten Grenzwerte bei Rückständen zum Schutz für die Arbeiter. Auch der Einsatz von Energie und Wasser entlang der Lieferkette muss dokumentiert werden, um Folgen für die Umwelt in dem Teil der Produktion erkennen und später auch verhindern zu können.

Kontrolliert wird das ganze einmal jährlich mit einer Vor-Ort-Inspektion, die angekündigt sein kann, in Sonderfällen aber auch unangekündigt durchgeführt wird. Die Besichtigungen werden von Akkreditierungsstellen durchgeführt, die eine Richtlinie für Produktzertifizierungssysteme erfüllen. Die Zertifizierer können auf der Website der GOTS abgerufen werden.

Kritikern gehen die Vorgaben der ILO nicht weit genug, weil zum Beispiel der Begriff "existenzsichernde Löhne" nicht klar genug definiert wird. Außerdem gibt es aktuell keine Kriterien für Leder- und Fellprodukte.

PRO PLANET - LABEL

Das Label ist mir schon in verschiedenen Supermärkten und auch Baumärkten begegnet. Entwickelt wurde das Label von der REWE

Group, die dadurch Waren kennzeichnet, die neben Qualität auch noch durch Nachhaltigkeit (soziale und ökologische) punktet. Es ist sozusagen ein Navigationssystem für den Verbraucher, der bei seinem Einkauf auf Umweltschutz und die Sozialverträglichkeit der Produkte achtet.

Hintergrund für die Verteilung des Labels ist ein fünfstufiger standardisierter Prozess, der gemeinsam mit Experten des Collaborating Centre on Sustainable Consumption and Production (CSCP), der Innovationsberatung triple innova und dem Institut für Klima, Umwelt und Energie entwickelt wurde. Das CSCP wurde gegründet, um im Bereich "nachhaltiger Konsum und Produktion" zu forschen und beratend zur Seite zu stehen.

Aktuell gibt es über 900 Produkte mit dem Laben (Stand Nov. 2017). Die Vorschläge für weitere Produkte kommen von den Mitarbeitern, Mitgliedern des PRO PLANET - Beirates und externen Stakeholdern.

Den kompletten Vergabeprozess könnt ihr hier nachlesen: http://www.proplanet-label.com/proplanet/vergabeprozess.html

FLUSTIX

Der Name "flustix" ist eine Kombination aus dem Englischen "free from plastics" und dem deutschen "plastikfrei". Das flustix-plastikfrei Siegel ist das erste eingetragene, europaweite Nachhaltigkeitssiegel für Plastikfreiheit, das als Unionsgewährleistungsmarke durch das Amt der Europäischen Union für geistiges Eigentum (EUIPO) und beim Deutschen Patent- und Markenamt eingetragen wurde und damit sowohl Prüfsiegel, als auch eine markenrechtlich geschützte Wort- und Bildmarke darstellt.

Malte Biss hatte 2011 die Idee zu "flustix". Es hat 6 Jahre und viele Gespräche mit dem Umweltministerium, dem Umweltbundesamt und dem Institut für Kennzeichnung und Gütesicherung gedauert, bis er das Siegel durchsetzen konnte. Seit Ende 2017 gibt es nun den Fisch im weißen Kreis als Kennzeichnung für uns. Ab Ende 2018 sollten die ersten Produkte in den Regalen der Supermärkte, Drogerien und Baumärkte zu finden sein. Auch hier sind natürlich wieder unendlich viele Gespräche mit großen Handels- und Vertriebskonzernen nötig.

Die Vision dahinter ist der nachhaltige Schutz der Natur und der umweltbewusste Einsatz von Ressourcen in der Wirtschaft. Die Mission ist, in den Dialog mit Herstellern zu treten, um die Vision wirtschaftlich und langfristig umsetzen zu können.

So wird der Gehalt von Plastik bei Verpackungen und Produkten geprüft. Es gibt verschiedene Siegel von Plastikfrei bis zum Produkt aus Sekundärkunststoffen. Dem Verbrauchen soll damit eine zuverlässige Orientierung geboten werden.

Für die klare Kommunikation gibt es verschiedene Kategorien:

flustix Plastikfrei

Die Prüfung umfasst das gesamte Produkt: Verpackung und Inhalt sind plastikfrei.

flustix recycled

Da sich flustix klar gegen eine neue Produktion von Kunststoffen einsetzt, fördert das Unternehmen mehr Verwendung von Rezyklaten in Waren. Mit "flustix recycled" werden Güter aller Art ausgezeichnet, die ganz oder teilweise aus Sekundärrohstoffen gefertigt wird. Der Gehalt der Rezyklate wird durch die Analyse des Fertigungsprozesses und einen Audit festgestellt und Produkte (auch Verpackungen) bekommen eine Kombination von Zeichen der flustix und DIN CERTCO Gesellschaft für Konformitätsbewertung mbH.

flustix Plastikfrei - Produktionsinhalt ohne Mikroplastik

Dieses Siegel werden wir zukünftig hoffentlich bei Kosmetika finden, die ohne Mikroplastik auskommen. Auf Mikroplastik bin ich ja weiter oben schon eingegangen. In den USA wird die Herstellung und der Verkauf von primärer Mikroplastik durch den "Microbead Free Waters Act" seit Juli 2017 verboten. Deutschland setzt mit dem "Nationalen Kosmetikdialog" auf die Einsicht und Selbstverantwortung der Industrie.

flustix Plastikfrei - Verpackung

Hier bezieht sich das Siegel ausschließlich auf die Verpackung! Güter, die aus rechtlichen Gründen keine Kunststoffe enthalten dürfen oder natürliche Güter dürfen den Begriff kunststofffrei lediglich für die Verpackungen anwenden.

flustix Plastikfrei - Produkt

Hier geht es ausschließlich um das Produkt das plastikfrei im Inhalt ist, aber in Plastik verpackt werden muss oder wird.

Wer das Siegel bekommt entscheidet ein mehrstufiges Prüfverfahren. Wenn ein Produkt gekennzeichnet werden soll (von Herstellern oder Unternehmen), muss ein originalverpacktes Produkt bei Flustix und dem Partnerlabor Wessling GmbH (dieses Labor ist unabhängig und arbeitet unter anderem auch für den Blauen Engel) eingereicht werden. Das Labor überprüft dann nach den aktuellsten Analyseverfahren. Zudem werden die Produktionsketten und Zulieferer vom Partner DIN CERTCO / TÜV Rheinland auditiert. Zum Schluss werden alle Werte zusammengefasst und das Produkt entsprechend mit einer Prozentangabe im Kombizeichen gekennzeichnet.

Das Unternehmen möchte Plastik nicht verteufeln. Biss sagte: "Es hilft uns nicht, wenn ein Polizist in einer Ritterrüstung steckt, er braucht die besten Protektoren und die sind nun mal aus Kunststoff". Es geht darum ein Produkt auszuzeichnen, das aus ökologischer, analytischer und ethischer Sicht sinnvoll ist. Nicht jede Alternative ist wirklich umweltfreundlicher als die Kunststoffvariante. Im medizinischen Bereich ist Plastik besonders hygienisch. Im Lebensmittelbereich muss man abwägen, ob man durch schwerere Kisten wieder mehr CO2 Ausstoß beim Transport in Kauf nimmt.

Das Credo von Flustix es den Einsatz von Kunststoffen sinnvoll zu gestalten, Vermeiden steht vor Verwerten. Das Eindämmen von Einwegplastik ist zentraler Bestandteil. Deshalb unterstützt das Unternehmen Umweltorganisationen und Forschung und klärt zu diesem Thema auf. Es versucht innovative Hersteller miteinander zu verknüpfen und ein Netzwerk nachhaltiger Zulieferer aufzubauen.

Was kann ich selbst tun?

Wenn ich nun für mich selbst einiges ändern möchte, um Plastik zu vermeiden, was sollte ich dann tun? Hier muss jeder für sich selbst entscheiden, was er umsetzen möchte oder lieber nicht. An der Stelle möchte ich euch einfach ein paar Denkanstöße geben.

PLASTIK NACH UND NACH ERSETZEN

Es wäre sinnlos etwas wegzuwerfen, was noch funktioniert. Damit hätten wir mehr Müll als nötig und wirtschaftlich wäre es doch eher fragwürdig. Was ihr aber machen könnt, ist, Gegenstände die kaputt gehen durch andere Materialien zu ersetzen, insofern das möglich ist. Je nachdem um welchen Gegenstand es sich handelt, schaut mal nach Alternativen aus Holz, Glas oder Metall.

Für die Küche gibt es zum Beispiel Schneidebretter aus Holz und Kochutensilien aus Metall. Wenn die Plastikdosen langsam den Geist aufgeben, gibt es sicher auch Alternativen aus Glas. Schraubgläser sind für die Aufbewahrung von Lebensmitteln genauso gut geeignet.

Auch fürs Bad gibt es Alternativen aus Holz. Manchmal sieht ein Bad im Holzdesign edler aus als vorher. Bürsten und Kämme gibt es auch heute schon aus Naturmaterial.

Im Büro haben wir auch viel Plastik. Ich denke da an die Ablagekörbe, Halter für Stifte und so etwas. Auch hier gibt es mittlerweile Behälter aus Glas oder Metall. Sicher ist das für den Anfang etwas teurer, hält aber auch sehr lange. Kugelschreiber sind auch so eine kleine Sache. Habt ihr mal drüber nachgedacht Ersatzminen zu kaufen, statt jedes Mal den kompletten Kuli wegzuwerfen? Ich habe mir schon vor Jahren einen super schönen Kugelschreiber gekauft, den ich noch immer nehme und nur die Minen tausche. Ich liebe dieses Teil.

PLASTIKVERPACKUNGEN VERMEIDEN

Darauf bin ich weiter oben ja schon eingegangen. Nehmt euch Stoffbeutel oder einen Korb oder so etwas zum Einkaufen mit, damit ihr gar nicht erst die Plastiktüte braucht. Ich habe zum Beispiel im Auto immer eine stabile Kunststofftasche (ja, Kunststoff - aber in Dauerbenutzung), falls ich unterwegs mal was einkaufe. Außerdem habe ich so einen kleinen Faltbeutel dabei, wenn das Auto mal nicht mit ist. Die gibt es mittlerweile auch fast überall zu kaufen und sie nehmen wirklich kaum Platz weg. In einigen Supermärkten sehe ich aktuell wiederverwendbare Netze für Obst und Gemüse. Ja, die kosten erstmal Geld, das sollte sich aber nach ein paar Einkäufen rentiert haben. Somit spart ihr also die Plastiktüte für den gesamten Einkauf und die kleine Tüte, in der das Gemüse gelandet wäre. Das hat den Vorteil, dass ihr daheim auch gleich ein bissel weniger Müll habt. Solltet ihr trotzdem mal eine Plastiktüte brauchen, dann nutzt sie daheim weiter. Die kleinen Tüten vom Obst habe ich früher zur Mülltüte umfunktioniert.

Auch mit den Großen kann man das machen, ich habe sie allerdings dann immer gefaltet und zum nächsten Einkauf mitgenommen, bis sie kaputt waren.

Auch beim Einkauf selbst könnt ihr mal rechts und links schauen. Oft stehen sogar im gleichen Regal Produkte, die mit weniger Plastik umwickelt sind. Wenn der Geschmack und die Qualität vergleichbar sind, probiert es doch einfach mal aus. Milch und Joghurt gibt es auch in Glasflaschen. Hier müsst ihr mal schauen, ob das für euch eine Alternative wäre. Gerade beim Joghurt sind die Gläser oft sehr groß. Wenn ihr das Glas nicht leer bekommt, wäre es natürlich wirtschaftlich nicht sinnvoll.

Die Unverpackt-Läden hatte ich auch schon angesprochen. Für mich persönlich ist es keine Alternative, weil es deutlich zu teuer ist. Schaut mal in eurer Umgebung, ob es so einen Laden gibt und testet selbst.

Auch Wochen- und Biomärkte habe ich schon angesprochen, ebenso wie die Replace-Plastic-App.

PLASTIK AUF DER HAUT VERMEIDEN

Kosmetikprodukte kommen fast nicht ohne Mikroplastik aus. Auch hier gibt es eine App, die dir zeigt, welche Inhaltsstoffe im Produkt stecken. Die App heißt Codecheck und begann 1998 mit einer Idee. Im Laufe der Jahre wurde ein Projekt daraus, dass mit einigen Preisen gekürt wurde. Seit 2014 ist CodeCheck eine professionelle Organisation. 2019 kam noch die Plattform Oeeda dazu, die Unternehmen helfen soll das bewusste Kundenverhalten besser zu verstehen und damit zielgruppengerichtetere Produkte zu entwickeln.

Bei Klamotten schaut auf das Siegel und kauft eher Sachen aus Baumwolle oder Leinen. Das ist natürlich nicht für alles möglich (ich denke da an meine heißgeliebten Sportsachen) oder ihr habt schon

Sachen im Schrank, die ihr natürlich nicht wegwerfen sollt. Wenn ihr bei Kunstfasern ein paar Waschtricks beachtet, wird die Belastung auch geringer. Zum einen geben häufig gewaschene Klamotten weniger Mikroplastik ab. Zum anderen solltet ihr die Sachen bei niedriger Temperatur waschen, mit geringer Schleuderzahl und ohne Weichspüler. Turnschuhe oder andere sperrige Dinge solltet ihr bei diesen Waschgängen vermeiden, weil bei jedem Aufprall die Fasern brechen können. So vermeidet ihr, dass mehr Mikroplastik im Wasserkreislauf landet als nötig.

DINGE SELBST HERSTELLEN

Dinge selbst herzustellen ist oft die nachhaltigste und kreativste Variante für ein Leben mit weniger Plastik. Allerdings ist es manchmal auch zeitaufwendig und man muss erstmal die Zutaten ran schaffen.

Waschmittel kann man aus drei Komponenten selbst herstellen: Soda, Kernseife und Sauerstoffbleiche. So könnt ihr je nach Kombination Flüssigwaschmittel, Waschpulver und Wollwaschmittel (hier kommt noch Alkohol dazu) herstellen.

Teppichreiniger könnt ihr aus Speisestärke, Natron und Essig bzw. Zitronensäure herstellen.

Textilerfrischer - die Alternative zu Febreeze - stellt ihr aus Wasser, Alkohol und Natron her. Gebt noch einen Tropfen ätherisches Öl dazu und schon duftet die Wäsche genauso wie ihr es wollt.

Wenn ihr im Internet nach Hausmitteln für die Reinigung sucht, werdet ihr schnell fündig.

Auch beim Essen gibt es einige Möglichkeiten. So kann man Kräutermischungen gut selbst herstellen, indem man frische Kräuter mit Salz und Öl mischt. Als Soßenbinder eignet sich entweder die herkömmliche Mehlschwitze oder Speisestärke. Auch Puddingpulver kann man aus Zucker und Speisestärke als Basis selbst herstellen. Auch hier findet ihr im Netz garantiert weitere Ideen.

Die Alternativen für Kosmetik kann man entweder selbst herstellen kann oder die plastikfreie Alternative kaufen. Hier gibt es Haarseife statt Shampoo, Seife statt Duschgel oder Rasierseife statt Rasierschaum.

Für fast alles findet ihr im Netz Alternativen zum selbst herstellen oder die plastikfreie Variante zum Kaufen.

GRUNDAUSSTATTUNG FÜR UNTERWEGS

Ähnlich wie beim Einkaufen, könnt ihr euch auch eine Grundausstattung zum Essen und Trinken zulegen, wenn ihr unterwegs seid. Den Coffee-To-Go Becher kann man sich sparen, wenn man einen eigenen Thermobecher mitnimmt. Plastikbesteck braucht man nicht, wenn man ein Besteckset dabei hat. Ich habe jetzt nicht ständig Besteck dabei, aber wenn ich aus dem Büro in die Mittagspause gehe und weiß, ich kauf mir nur schnell einen Salat, dann nehme ich eine Gabel aus dem Büro mit.

WEITERFÜHRENDE HINWEISE, WEBSITES UND APPS

Für noch mehr Tipps, Rezepte zum Selbstmachen und Infos rund um das Thema Plastik, hier nochmal ein paar Websites zusammengefasst. Natürlich gibt es unendlich viele mehr.

Allgemeine Informationen:

https://utopia.de/ratgeber/verpackungsfreier-supermarkt - Liste dt. Unverpackt-Läden

www.besser-leben-ohne-plastik.de - Tipps für ein plastikfreies Leben https://ecoyou.de/category/plastikfrei-leben/ - noch mehr Tipps für die Einschränkung von Plastik

https://antiplastic.info/plastikfrei-leben/ - Tipps für den plastikfreien Start

www.regional-saisonal.de - saisonale Verpflegung vor Ort

https://www.smarticular.net/?s=plastik - nachhaltiger leben

https://www.careelite.de - be natural change

Auswahl nachhaltiger Produkte

www.biodora.at - Küchenhelfer aus nachwachsenden Rohstoffen

www.followfish.de - Hersteller nachhaltiger Fischprodukte

www.my-cups.de/de/shop/ - Kaffee oder Tee aus organischen und abbaubaren Kapseln

www.wildwaxtuch.de - Alternative zur Alu- und Frischhaltefolie

Apps:

https://www.codecheck.info - klärt über Inhaltsstoffe auf

https://www.replaceplastic.de/ - unnötige Plastikverpackungen melden

https://www.regioapp.org - regionale Einkaufsmöglichkeiten und Gaststätten

Fazit

Ich habe in letzter Zeit von unserer Fridays-for-Future Generation immer wieder das Statement gelesen, dass meine Generation und die meiner Eltern Schuld an der ganzen Umweltverschmutzung sind. Ich habe ehrlich gesagt keine Ahnung welche Experten das mit welchen Zahlen ermittelt haben wollen.

Schauen wir mal ein paar Jahre zurück, Deutschland ist noch geteilt und wir sind im Osten unseres Landes. Zu DDR Zeiten gab es deutlich weniger Müll. Daran ist sicher nicht der Gedanke an die Umwelt Schuld, sondern schlicht und ergreifend die Mangelwirtschaft. Fakt ist aber, dass es Taschentücher und Windeln zum Waschen gab und diese immer wieder verwendet wurde. Selbst wenn sie nicht mehr dem ursprünglichen Zweck dienen konnten, weil sie verschlissen waren, nutzte man sie weiter als Spucktuch oder wofür man sie sonst noch brauchen konnte. Kindersachen wurden grundsätzlich weitergegeben an die Geschwister oder Freunde der Kinder. Etwas wegzuwerfen kam nur sehr selten in Frage. Im Osten wurde alles erstmal versucht zu reparieren, es gab ja auch kaum Ersatz oder er war unerschwinglich. Man ging mit einem Einkaufsnetz zum Bäcker und die Verkäuferin schüttete die Brötchen direkt da hinein. Gemüse war größtenteils regional und nicht nochmal extra umverpackt. Es gab grundsätzlich natürlich viel weniger Produkte und damit auch weniger Müll. An Tetrapaks kann ich mich gar nicht erinnern. Es war fast alles in Glasflaschen. Später gab es die Milch dann in einem Milchschlauch aus Plastik. Alles in allem war die Mangelwirtschaft also deutlich umweltschonender. Das heißt nicht, dass wir das wiederhaben müssen, um Gottes Willen. Es ist nur ein Hinweis darauf, dass die Plastikwut noch gar nicht so lange existiert.

Grundsätzlich kenne ich aus beiden Teilen Deutschlands diverse Hausmittel von Omas und der älteren Generation. Die meisten gehen auch heute noch mit einem Beutel einkaufen, weil sie es nicht anders kennen. Sie reinigen mit Essig und kochen ihre Saucen noch selbst, statt zu Maggi und Knorr zu greifen. Schaut euren Großeltern mal über die Schulter, was sie alles anders machen als wir heute. Ich finde das teilweise sehr faszinierend. Sie schonen die Umwelt ohne es bewusst zu wollen.

Zum Großteil ist es natürlich auch eine Zeitfrage. Die tolle Idee zu Wochenmärkten zu gehen, kann nicht jeder wahrnehmen, weil er zu dieser Zeit selbst arbeiten ist. Hier gibt es ggf. noch die Verbrauchermärkte am Wochenende als Alternative. Ich persönlich habe auch nicht die Zeit und die Lust meine Kosmetik selbst herzustellen und den Einkauf in Bio- oder Unverpackt-Läden kann ich mir im Moment einfach nicht leisten. Trotzdem glaube ich an Verhaltensmuster von Menschen. Wenn wir anfangen mal ein paar der Hinweise aus diesem Ratgeber umzusetzen und das ständig wiederholen, dann durchbrechen wir die alten Handlungsweisen und ersetzen sie durch neue, die wir dann ganz automatisch machen. Man muss nicht alles versuchen oder mitmachen, dennoch glaube ich das jeder einen kleinen Beitrag leisten kann, um unsere Umwelt ein wenig zu schonen.

Der Kunststoff wird uns erhalten bleiben, aktuell führt da kein Weg daran vorbei. Er macht einfach einen Großteil unseres Alltags aus. Diesen Teil der Wirtschaft kann man nicht einfach so abschaffen, ohne auf dem Arbeitsmarkt oder in unserem Wohnzimmer akute Probleme zu bekommen. Die Kunststoffindustrie schafft viele Arbeitsplätze, durch Kunststoff können wir andere Ressourcen wie Wind- und Sonnenenergie überhaupt erst nutzen und beim Transport von Waren ist Plastik durch ihr Gewicht einfach umweltschonender.

Aus meiner Sicht sind nicht nur wir Verbraucher gefragt, sondern auch die Regierung, Wirtschaft und Industrie. Solange die Herstellung von Plastik gefördert wird und viele Alternativen nicht, wird es bei den Herstellern kaum ein Umdenken geben. Da kann der Verbraucher noch so Alarm schlagen, Konzerne leben mit einer Kosten-Nutzen-Rechnung und die beinhaltet selten die Umwelt.

Es gibt einige vielversprechende Neuerungen, wie die Coffee-to-Go Pfandbecher, die man wiederverwenden kann (hier gibt es schon verschiedene Initiativen wie Cup2gether, die Kampagne Besser bechern oder justswapit); das neue Siegel flustix, das dem Verbraucher hilft Plastik zu vermeiden oder die Forschung nach alternativen Materialien. Es ist aber durchaus noch viel Luft nach oben. Ich glaube in den nächsten Jahren wird sich an dieser Front noch einiges tun, weil das Bewusstsein zumindest beim Verbraucher angekommen ist.

Ich hoffe, ich konnte euch einen kleinen Einblick in das Thema geben und vielleicht denkt ihr hier und da mal darüber nach, ob es eine Alternative gibt. Ich bin kein Plastikgegner, ich würde meine Technik nicht hergeben wollen. Ich bin nur ein Gegner von Einmalplastik und ein neugieriger Mensch.

In diesem Sinne ... Es ist ok nicht perfekt zu sein.

1. Auflage

Kontakt: Marco Senoner, Friedrich Pacher Gasse 2,

9900 Lienz, Österreich

Covergestaltung: Jana Schuhmann

Coverfoto: depositphotos.com

Printed in Germany
by Amazon Distribution
GmbH, Leipzig

15965980R10038